BEI GRIN MACHT SICH IHR WISSEN BEZAHLT

- Wir veröffentlichen Ihre Hausarbeit, Bachelor- und Masterarbeit

- Ihr eigenes eBook und Buch - weltweit in allen wichtigen Shops

- Verdienen Sie an jedem Verkauf

Jetzt bei www.GRIN.com hochladen und kostenlos publizieren

Sarah Swienty

"Der verborgene Schatz" - Eine Übung zum Umgang mit Karten in der Realbegegnung für Kleingruppen in Anlehnung an Geocaching

Unterrichtsbesuch Geocaching Klasse 5

GRIN Verlag

Bibliografische Information der Deutschen Nationalbibliothek:

Die Deutsche Bibliothek verzeichnet diese Publikation in der Deutschen National-
bibliografie; detaillierte bibliografische Daten sind im Internet über http://dnb.d-
nb.de/ abrufbar.

Impressum:

Copyright © 2011 GRIN Verlag GmbH
Druck und Bindung: Books on Demand GmbH, Norderstedt Germany
ISBN: 978-3-656-22424-2

Dieses Buch bei GRIN:

http://www.grin.com/de/e-book/191964/der-verborgene-schatz-eine-uebung-zum-
umgang-mit-karten-in-der-realbegegnung

Der verborgene Schatz

-

Eine Übung zum Umgang mit Karten in der Realbegegnung für Kleingruppen in Anlehnung an Geocaching.

Unterrichtsentwurf: 2. Unterrichtsbesuch Fachseminar Erdkunde 29.11.2011

1. Thema der Unterrichtsreihe

Die Unterrichtsreihe setzt sich mit einer der wichtigsten instrumentellen Kompetenzen der Geographie auseinander – der Kartenarbeit. Der Umgang mit Karten ist eine bedeutende *Kulturtechnik*, da sie zum einen in die Lebensumwelt der SchülerInnen (Nachrichten, Zeitung, Lagepläne in Kaufhäusern und Einkaufspassagen) eingebettet ist oder aber auch gezielt in der Freizeit eingesetzt wird (Wanderkarte, Stadtplan, Straßenkarte). In der Schule selbst taucht die Karte in sozial- und geisteswissenschaftlichen Fächern meist nur zur Lokalisation auf. Als Mutterdisziplin der Kartenarbeit geht das Fach Erdkunde weit darüber hinaus. Begonnen bei der Vermittlung, Erarbeitung und Darstellung von räumlichen Informationen über den Ausbau einer *Mental Map*[1], bis hin zur eigentlichen Kartenkompetenz, findet dieses fachspezifische Medium seine Anwendung.[2]

Zur Einführung des Kartenverständnisses wurde mit der Darbietung von Schräg- und Senkrechtluftbildern begonnen, um die Lernenden sukzessiv an eine generalisierte Karte heranzuführen. Anschließend wurden das Planquadrat, als Orientierungsraster und die Himmelsrichtungen thematisiert, so dass grundlegende Lernvoraussetzungen für den Umgang mit Karten gegeben sind.

Gliederung der Unterrichtsreihe:

1. Stunde:	Schrägluftbild und Senkrechtluftbild (am Beispiel Münster) – Gemeinsamkeiten und Unterschiede
2. Stunde:	Die Karte und ihre Charakteristika (Legenden, Planquadrat, Haupthimmelsrichtungen)
3. Stunde:	**Der verborgene Schatz – Umgang mit kartographischen Karten**
4. Stunde:	Nachbesprechung Schatzsuche
5. Stunde	Kompass, Windrose, Bestimmung aller Himmelsrichtungen
6. Stunde	Maßstab
7. Stunde	Höhenlinien und Höhenschichten
8. – 11. Stunde	Stationenlernen Atlasarbeit
12. Stunde	Atlasführerschein

2. Thema der Unterrichtsstunde

Der Titel der Unterrichtsstunde lautet: „Der verborgene Schatz" – Eine Übung zum Umgang mit Karten in der Realbegegnung für Kleingruppen in Anlehnung an Geocaching.

In der heutigen Stunde sollen die SchülerInnen ihre theoretischen Kenntnisse über das Lesen von Karten unter realen Gegebenheiten in der näheren Umgebung der Schule anwenden.

---

[1] Brucker, Ambros (Hrsg.) (2009): Geographiedidaktik in Übersichten. Aulis Verlag, Köln, S. 58.
[2] Vgl. Rinschede, Gisbert (2007): Geographiedidaktik. 3. Auflage, Schöningh Verlag, u. a. Paderborn und München, S. 356.

In einer vereinfachten Variante des Geocachings sollen die SchülerInnen durch die richtige Beantwortung von fachspezifischen Fragen an Koordinaten gelangen, welche sie dann mit Hilfe der Karte aufsuchen müssen.

In der Folgestunde findet eine Nachbesprechung der Schatzsuche statt (siehe Kapitel 4).

3. Ziele der Unterrichtsstunde

Die SchülerInnen lokalisieren Standpunkte der Schatzsuche im Umfeld ihrer Schule, indem sie einen Ausschnitt des Stadtplans zur Orientierung nutzen. (Methodenkompetenz)

Die SchülerInnen gewinnen neue Koordinaten für ihren nächsten Zielort, indem sie einfache geographische Fachbegriffe sachgerecht erläutern und anwenden. (Sachkompetenz)

Die SchülerInnen sollen sich in der Gruppe gegenseitig unterstützen und anleiten, indem sie unter dem Leitbild des kooperativen Lernens im Team arbeiten und miteinander kooperieren. (Sozialkompetenz)

4. Didaktische Schwerpunktsetzung

Das Kartenlesen ist eine zentrale fachspezifische Kompetenz des Erdkundeunterrichts, welche bedingt, dass die Lernenden sich über die bloße Atlasarbeit im Klassenraum hinaus mit Karten in der räumlichen Wirklichkeit auseinandersetzen. Der Grund dafür liegt in „[...] *der Tatsache, dass die Erkenntnisgewinnung nicht über die Auseinandersetzung mit ‚Stellvertretern' der geographischen Realität [...] erfolgt, sondern die Schüler direkt mit geographischen Sachverhalten konfrontiert werden [müssen][3]."* Die Schatzsuche, als modifiziertes Geocaching, bietet die Gelegenheit sich aktiv mit dem Lerngegenstand Karte auseinanderzusetzen und die räumliche Orientierung zu schulen. Weiterhin werden Lernprozesse durch eine Primärerfahrung effektiver, da der Erkenntnisgewinn weniger fremdgesteuert und die Wahrnehmung weniger eingeengt ist.[4]

Im Sinne der Handlungsorientierung sollen die SchülerInnen ihr vorhandenes Grundwissen über das Lesen von Karten einsetzen, um sich in der Realbegegnung selbstständig handelnd Fähigkeiten und Verhaltensweisen auf einem höheren Anforderungsniveau anzueignen.[5]

---

[3] Brucker, Ambros (Hrsg.) (2009): Geographiedidaktik in Übersichten. Aulis Verlag, Köln, S.118.

[4] Vgl. Ebd., S.118.

[5] Vgl. Rinschede, Gisbert (2007): Geographiedidaktik. 3. Auflage, Schöningh Verlag, u. a. Paderborn und München, S.184.

Weiterhin sorgt der handlungsorientierte Unterricht durch das ausgewogene Verhältnis zwischen Kopf- und Handarbeit für eine motivierte Arbeitshaltung.

Diese Unterrichtsstunde folgt dem deduktiven Verfahren, da die Lernenden sich in den vorausgegangenen Stunden bereits allgemein gültige Regeln für das Lesen von Karten angeeignet haben, um nun ein exemplarisches Gelände zu erkunden.[6]

In der Einführungsphase werden die SchülerInnen mit dem Thema der Stunde konfrontiert, indem sie Vermutungen aufstellen sollen, warum sie sich nicht im Klassenzimmer, sondern an der Straße vor dem Schulgebäude befinden. Damit werden die Vorkenntnisse mobilisiert und zugleich das Vorhaben der Stunde erläutert, sodass eine transparente Struktur und gemeinsame Orientierungsgrundlage gewährleistet ist.

Obwohl die umliegenden Straßen Teil des Schulweges der SchülerInnen sind, stellt das Verlassen des Schulhofes während des Unterrichts immer wieder eine besondere Situation dar. Daher werden in einem zweiten Schritt die Verhaltensregeln für außerschulische Lernorte wiederholt, um Gefahrensituationen zu vermeiden. Außerdem wurden auch die Eltern schriftlich in Kenntnis gesetzt und deren Erlaubnis eingeholt[7] (siehe Anhang). Die Verhaltensregeln außerhalb des Schulgeländes sollten den SchülerInnen bereits von vergangenen Wandertagen und der Waldrallye bekannt sein. Von einer „Tafel" werden die Regeln durch die SchülerInnen abgelesen, sodass diese durch ihre Visualisierung eine größere Verbindlichkeit erhalten. Das Regelplakat wird immer dann eingesetzt, wenn die Lernenden handlungsorientiert arbeiten sollen und an die jeweilige Methode angepasst, sodass die Art der Darstellung der Lerngruppe bereits bekannt ist und sich die Regeln besser einprägen. Anschließend werden die Kinder in Gruppen, ihrem Leistungsniveau entsprechend, aufgeteilt. Bei der Zuordnung der SchülerInnen wurde berücksichtigt, dass die SchülerInnen von verschiedenen Grundschulen kommen und daher ein breites Spektrum an Leistungsniveaus, nicht nur im Fach Erdkunde, aufweisen. Die Einteilung wurde daher vorab bestimmt, sodass sich in jeder Gruppe leistungsstarke und leistungsschwache Kinder zu gleichen Anteilen befinden, in denen unter Umständen das tutorielle Lernen greift. Außerdem sind sie in ihrem ersten Jahr an einer weiterführenden Schule, sodass sich die Lerngruppe noch nicht vollends als Gemeinschaft gefunden hat. Um die gegenseitige positive Abhängigkeit[8] und Kooperation der Gruppe zu unterstützen, werden in dieser Stunde Rollenbuttons zum Einsatz kommen. Die

---

[6] Vgl. Haubrich, Hartwig (Hrsg.) (2006): Geographie unterrichten lernen. 2. Auflage, Oldenburg Schulbuchverlag, u.a. München und Düsseldorf, S.154.
[7] Erfüllung der Richtlinien. Vgl. Ministerium für Schule und Weiterbildung des Landes Nordrhein-Westfalen (Hrsg.) (19.03.1977): Richtlinien für Schulwanderungen und Schulfahrten (Wanderrichtlinien –WRL-). S.1.
[8] Vgl. Brägger, G. (2007): Instrumente der Qualitätsentwicklung und Evaluation in Schulen (QES). Wie Schulen durch eine integrierte Qualitäts- und Gesundheitsförderung besser werden können. Hrsg.: Landesprogramme Bildung und Gesundheit Nordrhein-Westfalen, Hessen und Schweiz, h.e.p.-Verlag, Bern, S.5f.

Rollenbuttons unterscheiden sich von den bekannten Rollenkärtchen nur durch ihre Zweckmäßigkeit. Da sich die SchülerInnen im Gelände befinden, soll es ihnen möglich sein die Buttons an ihre Kleidung zu heften. Dieser Schritt dient jedoch nicht nur der Förderung sozialer, sondern auch der Förderung personaler Kompetenzen. In vorausgegangenen Unterrichtsstunden wurde deutlich, dass eine Vielzahl von SchülerInnen sehr introvertiert und schüchtern ist. Die Rollenverteilung soll sie motivieren sich in ihrer Funktion bestärkt zu fühlen und sich gegen selbstbewusstere SchülerInnen zu behaupten. Andererseits sollen starke Schülerpersönlichkeiten lernen, anderen eine Chance zu geben und sich in ein Team einzufügen.

Auf diese Weise wird auf mehreren Ebenen ein differenziertes Lernangebot geschaffen, in dem sich möglichst jeder wieder findet, die Chance hat die Aufgaben im Rahmen seiner Möglichkeiten und Fähigkeiten zu bearbeiten und stets das Gefühl wirklicher Partizipation erfährt.

Die einzelnen Kleingruppen treten in Teams gegeneinander an, somit entsteht eine hohe Konkurrenz- und Wettkampforientierung. Diese extrinsische Motivation soll sie zum zielgerichteten und zeitökonomischen Arbeiten anleiten.[9]

Weiterhin werden sich die Gruppen in Dreier- und Vierer-Teams frei im Gelände bewegen, was ein ungezwungenes und angstfreies Lernen begünstigt. Zwei Arbeitsgemeinschaften werden jedoch von Lehrkräften begleitet, da sich in diesen Teams SchülerInnen mit besonderen Disziplinschwierigkeiten befinden (siehe Kapitel 5).

Die Mannschaften werden die einzelnen Standpunkte nicht parallel anlaufen, da sie sich bei der Suche überschneiden könnten und daher die Verstecke nicht durch die eigenständige Suche, sondern Beobachtung finden würden. Aufgrund der zeitlichen Vorgaben wird jede Gruppe jeweils vier Standorte anlaufen, wobei der letzte Standort auch der Zielort (auf dem Schulhof) ist. Für die Schatzsuche wurden insgesamt fünf Zielorte angelegt, sodass kein Team durch eine längere Route benachteiligt wird.

Mit der Lösung der Rätsel gelangen die SchülerInnen an neue Koordinaten, die sie auf ihrer Route von Standort zu Standort führen. Es ist allen Gruppen möglich einen Schatz zu gewinnen, sodass es nicht nur einen „Sieger" gibt. Sollte eine Gruppe den Schatz nicht in der vorgegebenen Zeit finden, muss sie sich trotzdem zum angegebenen Zeitpunkt auf dem Schulhof einfinden. Hier findet dann auch die methodische Evaluation statt. Auf dem Schulhof werden verschiedene „Statementfelder" (siehe Anhang) ausgelegt. Die SchülerInnen sollen sich an einem der Felder positionieren und zu diesem äußern. Je nach Zeitkontingent

---

[9] Vgl. Brucker, Ambros (Hrsg.) (2009): Geographiedidaktik in Übersichten. Aulis Verlag, Köln, S.62.

wird das Verfahren wiederholt. Die inhaltliche Evaluation wird in der Folgestunde durchgeführt, da sich die Ergebnisse im Klassenraum besser verschriftlichen und visualisieren lassen.

5. Die Lerngruppe

Die 5b ist eine vergleichsweise kleine Lerngruppe von 15 SchülerInnen. Zu Beginn des Schuljahres ist die Klasse jedoch mit 16 SchülerInnen eröffnet worden, sodass folglich innerhalb weniger Wochen bereits ein Schüler die Schule wieder verlassen hat. Dieses Ereignis und die Tatsache, dass die Kinder von vielen unterschiedlichen Grundschulen stammen, haben zur Folge, dass die Lernenden den Prozess der Gruppenfindung noch immer durchlaufen. Daraus ergeben sich zahlreiche Konsequenzen für den schulischen Alltag. Es zeigen sich Probleme in der Gruppen- und Partnerfindung, die nicht vollständig ausgebildeten Gruppenstrukturen sorgen für Streitigkeiten und Machtkämpfe und das fehlende Wissen um die anderen Charaktereigenschaften und Persönlichkeiten führt zu Missverständnissen und Vorurteilen. In den Pausen und im Unterricht entstehen eine Reihe von Disziplinkonflikten, die immer wieder in den Vordergrund rücken und geklärt werden müssen, so dass es häufig große Bemühungen verlangt eine Rückorientierung auf die eigentlichen Unterrichtsprozesse einzufordern.

Weiterhin spielt die schulische Herkunft der Lernenden eine wichtige Rolle in der Unterrichtsplanung. Es gibt eine große Streuung an Leistungsniveaus bezüglich der sprachlichen, fachlichen und sozialen Fähigkeiten der SchülerInnen. Aus diesem Grund ist die Differenzierung kein planerisches Beiwerk, sondern ein zentraler Punkt, der vor allem durch schülerzentrierten Unterricht (u. a. kooperatives Lernen, Stationenlernen und Gruppenarbeit), Differenzierung in Leistungsniveaus und Lerntypen (möglichst ganzheitlicher Unterricht) berücksichtigt wird.

Durch die Klassenleitung wird in naher Zukunft eine Sonderpädagogin eingeladen, welche die Notwenigkeit von AO-SF-Verfahren[10] beurteilen soll, sodass bei diesen Schülern der sonderpädagogische Förderbedarf ermittelt werden kann.

Zu Beginn des Schuljahres, also zum Zeitpunkt der Klassenneubildung, war es unerlässlich den Lernenden grundsätzliche Regelen für den gemeinsamen Unterricht zu vermitteln. So war es vielen Kindern nicht möglich ruhig an ihrem Platz sitzen zu bleiben, andere aussprechen zu

---

[10] Ausbildungsordnung für die sonderpädagogische Förderung: In diesem Verfahren wird ermittelt, ob ein Kind aufgrund seiner Gesamtentwicklung im gemeinsamen Unterricht einer Regelschule, in einer Gemeinschaftsschule oder in einer Förderschule angemessen gefördert werden kann oder ob aus erheblichen gesundheitlichen Gründen eine Zurückstellung vom Schulbesuch in Betracht kommt.

lassen, selbstständig zu arbeiten oder ihrer Bringschuld nachzukommen. An diesen Defiziten wurde durchgehend gearbeitet, so dass die Regeln zum jetzigen Zeitpunkt viel besser von allen SchülerInnen eingehalten werden. Die bevorstehende Stunde bietet die Chance diese gemeinsamen Arbeitshaltungen auch im freien Gelände zu erproben und zu üben.

Im Folgenden werden einige SchülerInnen gesondert erwähnt, da sie von der LAA als besonders leistungsschwach eingestuft werden oder aber den Unterricht auf unvorhergesehene Weise beeinflussen könnten.

Der Schüler (S1) unterbricht den Unterricht in jeder Stunde durch permanente Zwischenrufe. Zwar äußert er, dass ihm bereits alle Inhalte bekannt seien und er sich sehr langweile, jedoch kann er selten auf Nachfragen eine richtige Antwort geben und beim eigenverantwortlichen Arbeiten fällt es ihm schwer mit der Bearbeitung einer Aufgabe zu beginnen oder diese zu beenden. Außerdem lenkt er sich während des Unterrichts ständig mit anderen Dingen ab und hat Schwierigkeiten sich zu konzentrieren. Dies bestätigte auch die Mutter in einem Telefonat. Der ganzheitliche Ansatz der Stunde soll den Schüler darin unterstützen einen Weg zu finden sich auf neue Lerninhalte einzulassen.

Ebenso wie mit Schüler (S1) verhält es sich auch mit der Schülerin (S2). Sie ruft nicht nur in den Unterricht hinein, sondern unterbricht redende Personen, unabhängig davon, ob es sich um einen Lernenden oder die LAA handelt. Außerdem fällt es ihr sehr schwer sich einer Gruppe oder Einzelpersonen unterzuordnen. Ihr soll das kooperative Lernen zu Gute kommen. Ihre persönliche Herausforderung in der Stunde wird es sein, sich auf ihre Rolle zu konzentrieren und den anderen SchülerInnen eine Urteils- und Handlungsfähigkeit einzuräumen.

Der Schüler (S3) zeigt sich im Unterricht sehr engagiert und wissbegierig. Allein seine schlechten Sprachkompetenzen stehen ihm im Weg, so dass es ihm Mühe bereitet seine Absichten und Unterrichtsbeiträge so zu formulieren, dass jeder am Unterricht Beteiligte sie versteht. Außerdem fühlt er sich schnell von anderen SchülerInnen provoziert oder versteht es nicht, wenn ein anderer Lernender sich an seiner Stelle zu Wort melden darf. Die Arbeit in der Kleingruppe schafft den Anlass zur Kommunikation mit Wörtern aus dem alltäglichen und fachspezifischen Sprachfeld, denn auch das Fach Erdkunde ist der Förderung der deutschen Sprache verpflichtet.[11] Außerdem erhält er die Chance seine eigenen Bedürfnisse zurückzustellen und im Team zu agieren.

Abschließend ist Schüler (S4) zu nennen. Für das Fach Erdkunde scheint er eine große Affinität zu haben. Selbstständig leistet er keine Unterrichtsbeiträge und ist während der

---

[11] Vgl. Schulinterner Lehrplan Erdkunde der GHS Gneisenaustraße Duisburg für die Jahrgangsstufen 5/6, 7/8 & 9/10 (August 2009).

Lernprozesse „in seiner eigenen kleinen Welt". Spricht man ihn jedoch an, so kann er ohne Mühe alle Fragen beantworten. Während des Unterrichts verlässt er oft seinen Platz und kommt nach vorne, um eine fachspezifische Frage zu stellen. Dabei sucht er ständig nach Körperkontakt und kommt der LAA, aber auch den Lehrern und Lernenden, sehr nah. Ein natürliches Gefühl für Körperabstand, einer Gesprächsdistanz zu seinem Gegenüber, kennt der Schüler nicht. In der Kleingruppe soll der Lernende darin unterstützt werden sein reiches Fachwissen an die anderen Kinder weitergeben zu können und durch Beobachtung der anderen Schüler ein Gespür für Kommunikationsregeln, wie der körperlichen Distanz zu entwickeln.

6. Bezug zu den Kernlehrplänen

Der Standortbezogene Lehrplan verortet die *Arbeit mit Karten* unter dem Themenschwerpunkt *Lebenssituationen in ihrer räumlichen Ausprägung*. Außerdem wird die *Spurensuche am Schulort* als fachspezifische Kompetenz benannt.[12] Die Planung der Stunde vernetzt damit sowohl methoden- als auch inhaltbezogene Kompetenzen in Gänze. Dies ist von hoher Priorität, denn Methodenkompetenzen werden von Lernenden immer nur in der Auseinandersetzung mit geographischen Inhalten erworben. Umgekehrt können sich inhaltsbezogene Kompetenzen nur entfalten, wenn Schüler methodenbezogene Kompetenzen aktivieren.

Ebenso kommt diese Stunde den Forderungen des neuen Kernlehrplans für Hauptschulen nach.

Die Kartenarbeit in der näheren Umgebung der Schule ist dem Inhaltsfeld 1 (*Zusammenleben in unterschiedlich strukturierten Räumen*)[13] zuzuordnen und gliedert sich in folgende Sachkompetenz ein: *„Die Schülerinnen können [...] geographische Sachverhalte im Nahbereich ihrer Schule beschreiben."*[14]

Auf Seiten der Handlungskompetenzen wird erwartet, dass die SchülerInnen *unter begrenzter Fragestellung angeleitet einen Erkundungsgang [...] durchführen und ansatzweise auswerten.*[15]

---

[12] Vgl. Schulinterner Lehrplan Erdkunde der GHS Gneisenaustraße Duisburg für die Jahrgangsstufen 5/6, 7/8 & 9/10 (August 2009).
[13] Schulministerium für Schule und Weiterbildung des Landes Nordrhein-Westfalen (Hrsg.) (2011): Kernlehrplan für die Hauptschule in Nordrhein-Westfalen. Gesellschaftslehre Erdkunde, Geschichte/Politik. S.21.
[14] Ebd., S.26.
[15] Ebd., S.25.

7. Verlaufsplan

Phase	Inhalt / Lehrer- bzw. Schülerverhalten	Methode / Medien / Sozialform	Didaktisch-methodischer Kurzkommentar
Einstieg	Begrüßung/ Hinführung zum Thema und zur Arbeitsmethode Wiederholung Verhaltensregeln Gruppeneinteilung, Rolleneinteilung Erklärung des Arbeitsauftrags, Ausgabe der Arbeitsmaterialien	Unterrichtsgespräch Unterrichtsgespräch, Regeltafel Rollenkarten, farbige Holzwürfel (zur Gruppenfindung) verschriftlicher Arbeitsauftrag, Ausschnitt Straßenkarte	o SuS verknüpfen Lokalisation mit Unterrichts-inhalten, Mobilisierung von Vor-kenntnissen o SuS benennen die Verhaltensre-geln für Unterrichts-gänge o SuS bilden Arbeitsgruppen o SuS nehmen ihre Gruppenrollen an
Erarbeitung	SuS erkunden in Kleingruppen den Nahraum der Schule	verschriftlicher Arbeitsauftrag, Ausschnitt Straßenkarte, Rätsel und Koordinaten an den Zielpunkten	o SuS lösen die Rätsel o SuS verorten die Koordinaten in den Karten o SuS suchen anhand der Koordinaten die Zielpunkte auf o SuS unterstützen sich gegenseitig, arbeiten im Team o SuS führen ihre Rollen aus
Sicherung	SuS beenden die Arbeitsphase, Schülerevaluation, Verabschiedung	„Statementfelder"	o SuS geben methodisches Feedback

8. Literaturverzeichnis

– Ausschnitt einer Straßenkarte der Stadt Duisburg. URL: http://maps.google.de, Abrufdatum: 19.11.2011.

– Brägger, G. (2007): Instrumente der Qualitätsentwicklung und Evaluation in Schulen (QES). Wie Schulen durch eine integrierte Qualitäts- und Gesundheitsförderung besser werden können. Hrsg.: Landesprogramme Bildung und Gesundheit Nordrhein-Westfalen, Hessen und Schweiz, h.e.p.-Verlag, Bern.

– Brucker, Ambros (Hrsg.) (2009): Geographiedidaktik in Übersichten. Aulis Verlag, Köln.

– Haubrich, Hartwig (Hrsg.) (2006): Geographie unterrichten lernen. 2. Auflage, Oldenburg Schulbuchverlag, u.a. München und Düsseldorf

– Rinschede, Gisbert (2007): Geographiedidaktik. 3. Auflage, Schöningh Verlag, u. a. Paderborn und München

– Schulinterner Lehrplan Erdkunde der GHS Gneisenaustraße Duisburg für die Jahrgangsstufen 5/6, 7/8 & 9/10 (August 2009).

– Schulministerium für Schule und Weiterbildung des Landes Nordrhein-Westfalen (Hrsg.) (19.03.1977): Richtlinien für Schulwanderungen und Schulfahrten (Wanderrichtlinien – WRL-).

– Schulministerium für Schule und Weiterbildung des Landes Nordrhein-Westfalen (Hrsg.) (2011): Kernlehrplan für die Hauptschule in Nordrhein-Westfalen. Gesellschaftslehre Erdkunde, Geschichte/Politik.

Anhang

- Elternbrief
- Verhaltensregeln für Unterrichtsgänge (hier: für Schatzsucher)
- Rollenbuttons für kooperatives Lernen
- Arbeitsauftrag
- Ausschnitt Straßenkarte Duisburg-Neudorf („Schatzkarte")
- Laufrouten der Gruppen, Lösungen der Rätsel und deren Zuordnung zu den Standpunkten
- Lageplan der Standorte - Lösungen
- Rätselkarten der Standorte
- Statementfelder

I. Elternbrief

Duisburg, 21.11.2011

Sehr geehrte Eltern der Klasse 5b,

am 29.11.2011 wird im Rahmen des Erdkundeunterrichts (8:05 Uhr - 8:50 Uhr) eine Schatzsuche zum Einüben des Kartenverständnisses stattfinden.
Mit einem Arbeitsauftrag sollen sich die Kinder in 3er-/4er-Gruppen um das Schulgelände herum auf die Spurensuche machen. Dazu ist es nötig, dass sie SchülerInnen

1) das Schulgelände während des Unterrichts für etwa 30 Minuten verlassen,
2) sich eigenverantwortlich (ohne meine ständige Aufsicht) auf den umliegenden Gehwegen
   bewegen.

Es wird darauf geachtet, dass während der Schatzsuche möglichst wenige Straßen überquert werden müssen. Die Kinder werden außerdem dazu angehalten ihre Arbeitsgruppen unter keinen Umständen zu verlassen. Ich selbst befinde mich immer in unmittelbarer Nähe zu den Kindern, sodass eine ständige Erreichbarkeit gewährleistet ist. Spätestens um 8:40 Uhr müssen sich die Kinder dann wieder auf dem Schulhof einfinden.

Wenn Sie mit den oben genannten Punkten (1 und 2) einverstanden sind, dann unterschreiben Sie bitte den unteren Abschnitt, trennen ihn ab und geben diesen an Ihr Kind zum nächsten Unterricht mit.

Mit freundlichen Grüßen

XX

Ich bin damit einverstanden, dass mein/e Tochter/Sohn ______________________________________
an der Schatzsuche im Erdkundeunterricht am 29.11.2011 unter folgenden Bedingungen teilnimmt:

1) Das Schulgelände darf während des Unterrichts für etwa 30 Minuten verlassen werden.
2) Mein/e Tochter/Sohn darf sich eigenverantwortlich (ohne die ständige Aufsicht durch Frau
   Swienty) auf den umliegenden Gehwegen bewegen.

Unterschrift der/s Erziehungsberechtigten:____

II. Verhaltensregeln für Unterrichtsgänge (hier: für Schatzsucher)

Ich verlasse niemals meine Gruppe

Ich unterstütze die Gruppe durch meine Rolle

Ich bin achtsam im Straßenverkehr

Ich repräsentiere meine Schule

Ich gehe sorgfältig mit dem Material um.

Ich helfe meinem Team mit meinem Wissen weiter

III. Rollenbuttons für kooperatives Lernen

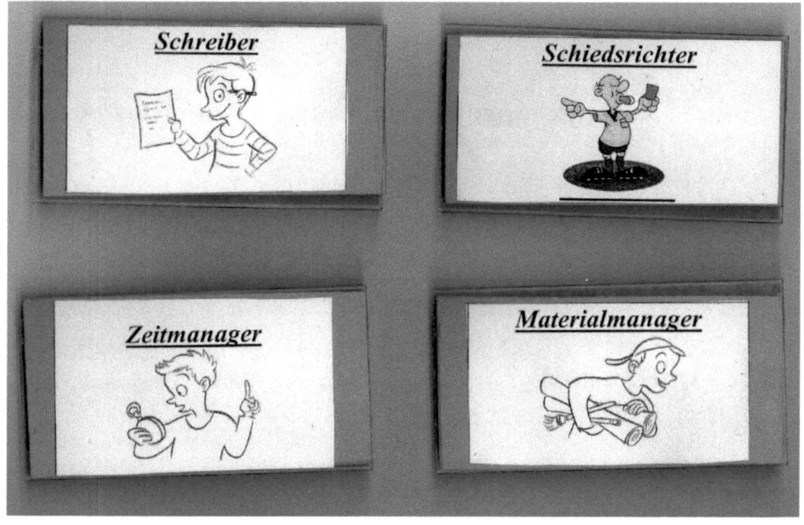

IV. Arbeitsauftrag

Der verborgene Schatz an unserer Schule

In der Umgebung der Schule sind Rätsel versteckt. Diese müsst ihr mit Hilfe der Schatzkarte finden und sie lösen. Habt ihr alle Rätsel gelöst, gelangt ihr zum Schatz. Die Verstecke befinden sich <u>nicht</u> in Gebüschen, an Autos oder Häusern! Wenn ihr ein Versteck gefunden habt, nehmt ihr nur die Rätselkarte eurer Gruppe, damit die anderen Kinder auch eine Chance haben den Schatz zu finden.

Materialmanager:	Trägt die Verantwortung für die Schatzkarte und sammelt alle Rätsel ein.
Zeitmanager:	Sorgt dafür, dass alle Teammitglieder spätestens um 8:40 Uhr wieder am Schulhof sind, egal ob der Schatz gefunden wurde oder nicht!
Schreiber:	Markiert die Fundstelle in der Schatzkarte mit dem Folienstift.
Schiedsrichter:	Sorgt dafür, dass das Team die Regeln einhält.

Schatzsucher macht euch auf den Weg!

V. Ausschnitt Straßenkarte Duisburg („Schatzkarte")

VI. Standpunkträtsel

Gruppe 1

Wie nennt man das Raster, welches zur Orientierung über Stadtkarten gelegt wird? a) Planquadrat (Geht zu F3) b) Schachbrett (Geht zu A1) c) Längen- und Breitengrade (Geht zu E3)	Stellt euch vor, ihr solltet eine Straßenkarte erstellen. Wie viele Bäume zeichnet ihr an dieser Kreuzung in die Karte ein? Begründet eure Antwort! a) 5 Bäume (Geht zu C1) b) 16 Bäume (Geht zu A1) c) keine Bäume (Geht zu E5)	Richtet euren Blick Richtung Norden. Welche zwei Verkehrsschilder könnt ihr entdecken? Nehmt die Windrose auf der Karte zur Hilfe. a) Durchfahrt verboten (Geht zu C5) b) Tempo-30-Zone (Geht zu F1) c) Spielstraße (Geht zu B2)	In welcher Himmelsrichtung liegt unsere Schule? Nehmt die Karte zur Hilfe und schaut auf die Windrose. a) Richtung Norden (Geht zu D3) b) Richtung Süden (Geht zu D1)
Wählt die Koordinate aus, welche hinter eurer Antwort steht und macht euch dort auf die Spurensuche nach dem nächsten Rätsel!	Wählt die Koordinate aus, welche hinter eurer Antwort steht und macht euch dort auf die Spurensuche nach dem nächsten Rätsel!	Wählt die Koordinate aus, welche hinter eurer Antwort steht und macht euch dort auf die Spurensuche nach dem nächsten Rätsel!	Wählt die Koordinate aus, welche hinter eurer Antwort steht und macht euch dort auf die Spurensuche nach dem Schatz!

Wie nennt man das Raster, welches zur Orientierung über Stadtkarten gelegt wird? a) Planquadrat (Geht zu C5) b) Schachbrett (Geht zu A1) c) Längen- und Breitengrade (Geht zu E3)	In welcher Himmelsrichtung liegt unsere Schule? Nehmt die Windrose auf der Karte zur Hilfe. a) Richtung Norden (Geht zu E5) b) Richtung Süden (Geht zu D1)	Richtet euren Blick Richtung Norden. Welche zwei Verkehrsschilder könnt ihr entdecken? Nehmt die Windrose auf der Karte zur Hilfe. a) Durchfahrt verboten (Geht zu C2) b) Tempo-30-Zone (Geht zu F1) c) Spielstraße (Geht zu C2)	Nennt die Himmelsrichtungen in der richtigen Reihenfolge und beginnt bei Norden. Nehmt den Merksatz zur Hilfe! a) Norden, Süden, Westen, Osten (Geht zu F1) b) Norden, Westen, Osten, Süden (Geht zu F3) c) Norden, Osten, Süden, Westen (Geht zu D3)
Wählt die Koordinate aus, welche hinter eurer Antwort steht und macht euch dort auf die Spurensuche nach dem nächsten Rätsel!	Wählt die Koordinate aus, welche hinter eurer Antwort steht und macht euch dort auf die Spurensuche nach dem nächsten Rätsel!	Wählt die Koordinate aus, welche hinter eurer Antwort steht und macht euch dort auf die Spurensuche nach dem nächsten Rätsel!	Wählt die Koordinate aus, welche hinter eurer Antwort steht und macht euch dort auf die Spurensuche nach dem Schatz!

Gruppe 3

Wie nennt man das Raster, welches zur Orientierung über Stadtkarten gelegt wird? a) Planquadrat (Geht zu C2) b) Schachbrett (Geht zu A1) c) Längen- und Breitengrade (Geht zu E3)	Nennt die Himmelsrichtungen in der richtigen Reihenfolge und beginnt bei Norden. Nehmt den Merksatz zur Hilfe! a) Norden, Süden, Westen, Osten (Geht zu F1) b) Norden, Westen, Osten, Süden (Geht zu F3) c) Norden, Osten, Süden, Westen (Geht zu F3)	Stellt euch vor, ihr solltet eine Straßenkarte erstellen. Wie viele Bäume zeichnet ihr an dieser Kreuzung in die Karte ein? a) 5 Bäume (Geht zu C1) b) 16 Bäume (Geht zu A1) c) keine Bäume (Geht zu C5)	In welcher Himmelsrichtung liegt unsere Schule? Nehmt die Windrose auf der Karte zur Hilfe. a) Richtung Norden (Geht zu D3) b) Richtung Süden (Geht zu D1)
Wählt die Koordinate aus, welche hinter eurer Antwort steht und macht euch dort auf die Spurensuche nach dem nächsten Rätsel!	Wählt die Koordinate aus, welche hinter eurer Antwort steht und macht euch dort auf die Spurensuche nach dem nächsten Rätsel!	Wählt die Koordinate aus, welche hinter eurer Antwort steht und macht euch dort auf die Spurensuche nach dem nächsten Rätsel!	Wählt die Koordinate aus, welche hinter eurer Antwort steht und macht euch dort auf die Spurensuche nach dem Schatz!

Gruppe 4

Wie nennt man das Raster, welches zur Orientierung über Stadtkarten gelegt wird? a) Planquadrat (Geht zu E5) b) Schachbrett (Geht zu A1) c) Längen- und Breitengrade (Geht zu E3)	Richtet euren Blick Richtung Norden. Welche zwei Verkehrsschilder könnt ihr entdecken? Nehmt die Windrose auf der Karte zur Hilfe. a) Durchfahrt verboten (Geht zu F3) b) Tempo-30-Zone (Geht zu F1) c) Spielstraße (Geht zu C2)	Stellt euch vor, ihr solltet eine Straßenkarte erstellen. Wie viele Bäume zeichnet ihr an dieser Kreuzung in die Karte ein? a) 5 Bäume (Geht zu C1) b) 16 Bäume (Geht zu A1) c) keine Bäume (Geht zu C2)	Nennt die Himmelsrichtungen in der richtigen Reihenfolge und beginnt bei Norden. Nehmt den Merksatz zur Hilfe! a) Norden, Süden, Westen, Osten (Geht zu F1) b) Norden, Westen, Osten, Süden (Geht zu F3) c) Norden, Osten, Süden, Westen (Geht zu D3)
Wählt die Koordinate aus, welche hinter eurer Antwort steht und macht euch dort auf die Spurensuche nach dem nächsten Rätsel!	Wählt die Koordinate aus, welche hinter eurer Antwort steht und macht euch dort auf die Spurensuche nach dem nächsten Rätsel!	Wählt die Koordinate aus, welche hinter eurer Antwort steht und macht euch dort auf die Spurensuche nach dem nächsten Rätsel!	Wählt die Koordinate aus, welche hinter eurer Antwort steht und macht euch dort auf die Spurensuche nach dem Schatz!

VII. Laufrouten der Gruppen, Lösungen der Rätsel und deren Zuordnung zu den Standpunkte

Gruppe	Laufroute			
Gruppe 1 (rot)	F3	E5	C5	D3
Gruppe 2 (gelb)	C5	E5	C2	D3
Gruppe 3 (grün)	C2	F3	C5	D3
Gruppe 4 (orange)	E5	F3	C2	D3

Frage	Antwort	Zielort
Startfrage: Wie nennt man das Raster, welches zur Orientierung über Stadtkarten gelegt wird?	a) Planquadrat	Gruppe 1 (rot): Geht zu F3. Gruppe 2 (gelb): Geht zu C5. Gruppe 3 (grün): Geht zu C2. Gruppe 4 (orange): Geht zu E5
Stellt euch vor, ihr sollt eine Straßenkarte erstellen. Wie viele Bäume zeichnet ihr an dieser Kreuzung ein? Begründet eure Antwort!	c) Keine, weil bei Karten Einzelheiten wie Autos und Bäume weggelassen werden.	Standort F3
Richtet euren Blick Richtung Norden. Welche zwei Verkehrsschilder könnt ihr entdecken?	a) Durchfahrt verboten.	Standort E5
In welcher Himmelsrichtung liegt unsere Schule? Nehmt die Karte zur Hilfe und schaut auf die Windrose.	a) Die Schule liegt im Norden.	Standort C5
Nennt die Himmelsrichtungen in der richtigen Reihenfolge und beginnt bei Norden. Nehmt den Merksatz zur Hilfe!	c) Norden, Osten, Süden, Westen	Standort C2

VIII. Lageplan der Standpunkte - Lösungen

IX. Statementfelder - Karten für methodische Schülerevaluation

Ich konnte mich an die Verhaltensregeln halten.	Die Schatzsuche hat mir Spaß gemacht.	Ich konnte die Gruppe durch meine Rolle unterstützen.	Ich habe etwas dazu gelernt.
Indem…?	Warum…?	Wie…?	Was…?